그리기로 키우는 우리 아이 첫 문해력

놀면서 똑똑해지는
문해력
그림 놀이

사카모토 사토시 지음 | 이정미 옮김

이름

로그인

NOIKU WAKU KIITE OBOETE OHANASHI OEKAKI
by SAKAMOTO Satoshi
Copyright © 2022 SAKAMOTO Satoshi
All rights reserved.

Originally published in Japan by GENTOSHA INC., Tokyo.
Korean translation rights arranged with GENTOSHA INC., Japan
through THE SAKAI AGENCY and IMPRIMA KOREA AGENCY.

이 책의 한국어판 저작권은 THE SAKAI AGENCY와 IMPRIMA KOREA AGENCY를 통해
GENTOSHA INC., Tokyo. 와 독점 계약한 ㈜이퍼블릭에 있습니다.
저작권법에 의해 한국 내에서 보호를 받는 저작물이므로 무단 전재와 무단 복제를 금합니다.

놀면서 똑똑해지는 문해력 그림 놀이

초판 1쇄 출간일 2023년 5월 20일
초판 3쇄 출간일 2024년 9월 10일

지은이 사카모토 사토시
옮긴이 이정미
펴낸이 유성권

편집장 윤경선
편집 김효선 조아윤   **홍보** 윤소담 박채원   **디자인** 프롬디자인
마케팅 김선우 강성 최성환 박혜민 심예찬 김현지
제작 장재균   **물류** 김성훈 강동훈

펴낸곳 ㈜이퍼블릭
출판등록 1970년 7월 28일, 제1-170호
주소 서울시 양천구 목동서로 211 범문빌딩 (07995)
대표전화 02-2653-5131 **팩스** 02-2653-2455
전자우편 loginbook@epublic.co.kr
포스트 post.naver.com/epubliclogin
홈페이지 www.loginbook.com
인스타그램 @book_login

- 이 책은 저작권법으로 보호받는 저작물이므로 무단 전재와 무단 복제를 금지하며
  이 책 내용의 전부 또는 일부를 이용하려면 반드시 저작권자와 ㈜이퍼블릭의 서면 동의를 받아야 합니다.
- 잘못된 책은 구입처에서 교환해 드립니다.
- 책값과 ISBN은 뒤표지에 있습니다.

로그인은 ㈜이퍼블릭의 어학·자녀교육·실용 브랜드입니다.

그림 놀이로 시작하는
어린이 문해력 성장의 첫걸음

이 책은 아이의 '듣는 힘'과 '보는 힘'을 기르면서 동시에 '바르게 이해하고, 이해한 바를 표현하는 과정'을 배울 수 있도록 구성되어 있습니다. 귀로 들은 정보를 스스로 정리해 기억하고, 기억한 내용을 기반으로 주어진 밑그림에 색을 칠하거나 그림을 그리는 활동을 통해 아이는 이해한 바를 머릿속에서 끄집어 내어 눈에 보이도록 표현할 수 있게 됩니다.

아이가 어디까지 이해하고 있고 무엇을 이해하지 못하고 있는지 파악하기란, 쉬운 것 같아도 사실은 매우 어려운 일입니다. 한 가지 분명한 것은 유아기는 생활 속에서 자연스레 알지 못했던 것들을 배우고, 어휘를 늘려가는 시기라는 사실입니다. 그러니 아이의 표현이 옳은지 그른지 일일이 따지며 가르치기보다 일단은 이 책의 놀이를 충분히 즐길 수 있도록 도와주세요. 가족과의 대화 속에서 새로운 어휘를 접하며 아이 스스로 부족한 부분을 메워 나가다 보면 주어진 정보를 제대로 이해하고 활용하는 날이 찾아올 거예요. 아이의 서툰 표현에도 칭찬을 듬뿍 해 주는 것도 절대 잊지 마시고요.

앞으로 아이가 살아가기 위해 가장 필요한 힘은 단연 '문해력'입니다. 문해력은 단순히 주어진 정보를 읽고 제대로 이해하는 데에서 그치는 게 아니라, 이해한 바를 나의 상황이나 문제에 맞게 적용해 해결하는 능력까지 가리킵니다. 이를 위해서는 먼저 내용을 바르게 이해하는 '독해력'과 하고 싶은 말을 정확히 전달하는 '표현력'이 뒷받침되어야 하겠지요. 이 둘은 무엇보다 '스스로 생각하는 힘'을 기르기 위해서도 정말 필요한 능력입니다.

내용에 대한 이해가 부족하면 아무것도 표현할 수 없습니다. 부디 이 책이 아이들이 '바르게 이해하고, 이해한 바를 표현하는 과정'을 즐겁게 체득하는 데 도움이 되길 바랍니다.

사카모토 사토시

이 책은 들은 이야기를 머릿속으로 떠올린 다음 그림으로 표현하는 놀이(글→그림)와 그림을 보고 다른 사람이 쉽게 이해하도록 말이나 글로 표현하는 놀이(그림→글), 두 종류로 구성되어 있어요.

재미있게 놀이를 하는 동안 이야기를 집중해서 듣는 힘과 사물을 주의 깊게 관찰하는 힘이 자라납니다. 이야기를 집중해서 듣는 힘이 자라나면 학교에서 선생님의 말씀이나 친구들이 하는 말을 잘 이해할 수 있고, 사물을 주의 깊게 관찰하는 힘이 자라나면 내가 오늘 본 것이나 하고 싶은 말을 상대가 이해하기 쉽게 표현할 수 있어요.

※ 그림 놀이를 할 때는 12색 색연필을 사용해 주세요.

글 → 그림 놀이

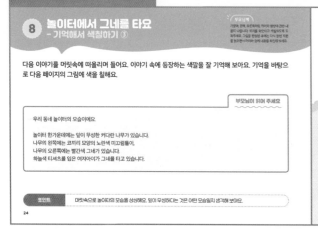

글을 그림으로 표현하는 놀이예요.
들은 이야기를 그림으로 표현합니다.

그림 → 글 놀이

그림을 글로 표현하는 놀이예요.
그림을 보고 문장을 완성합니다.

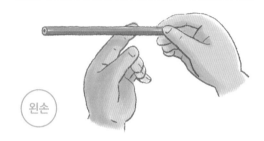

오른손

왼손

① 연필의 가운데보다 조금 앞쪽에 검지를 댑니다.

오른손

왼손

② 검지와 엄지로 연필을 잡습니다.

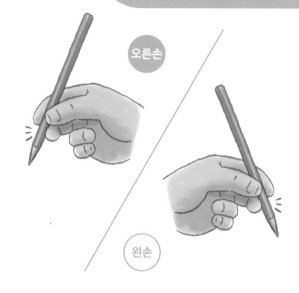

오른손

왼손

③ 중지로 연필을 받쳐 연필과 닿아 있는 세 손가락에 힘을 주세요.

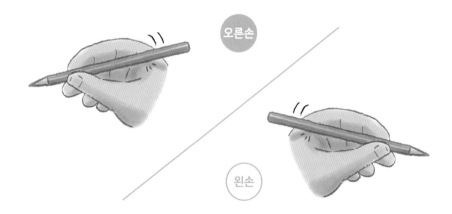

오른손

왼손

④ 그림처럼 엄지와 검지가 연결된 부분에 연필 윗부분을 눕혀요.

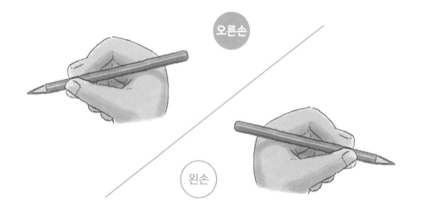

오른손

왼손

⑤ 그림과 같은 모습인가요? 이 상태로 그림 놀이를 하면 됩니다!

차례

기초 연습

선을 그어요

1장

이야기를 듣고 ▶ 색칠해요

2장

그림을 보고 ▶ 말로 표현해요

3장

이야기를 듣고 ▶ 색칠해요 심화

4장

이야기를 듣고 ▶ 그림으로 표현해요

선을 그어요

부모님께

운필력 기르기 연습

운필력은 글씨를 쓰거나 그림을 그리기 위해 필기구를 놀리는 힘입니다. 글씨를 또박또박 쓰거나 그림을 예쁘게 그리기 위해 필요하지요. 운필력이 좋아져 선긋기에 자신감이 생기면 학습 의욕도 자연스레 높아집니다. 스마트폰이나 태블릿에 손가락으로 터치만 하다 보면 늘 쓰는 근육만 사용하게 되기 때문에 소근육이 골고루 발달하지 못해요. 선긋기 연습을 통해 소근육을 세밀하게 조절할 수 있도록 도와주세요. 색연필을 쥔 손에 힘을 주어야 색이 선명하게 표현된다는 걸 알게 되면 손의 힘을 더욱 키울 수 있습니다.

이 책에서는 12색 색연필 사용을 권하고 있지만, 아이가 아직 어려 소근육 발달이 부족하다면 크레파스처럼 제형이 무른 필기구로 시작해 점점 단단한 필기구로 바꿔 주세요.

세로선·가로선·소용돌이선을 그려요 - 연습 놀이 ①

부모님께

먼저 운필 연습부터 시작합니다. 색연필을 바르게 쥐고 반듯한 직선과 곡선을 그리게 해 주세요. 내가 원하는 대로 연필을 움직여 척척 글자를 쓸 수 있게 되면 학습 의욕도 올라갑니다.

그림과 같이 빨간색, 파란색, 갈색 색연필로 화살표 방향을 따라 그려요.

세로선을 그려요

가로선을 그려요

소용돌이선을 그려요

위 그림과 같이 선을 따라 그려요

포인트　　화살표 방향을 따라 색연필을 쥔 손에 힘을 주고 천천히 그려요.

주황색 색연필로 접시 위에 빙글빙글 소용돌이선을 그려요. 맛있는 스파게티가 완성됩니다.

부모님께

계속해서 운필 연습입니다. 색연필을 바르게 쥐고 반듯한 직선과 곡선을 그리게 도와주세요. 내가 원하는 대로 연필을 움직여 척척 글자를 쓸 수 있게 되면 학습 의욕도 올라갑니다.

그림과 같이 연두색, 주황색, 하늘색 색연필로 화살표 방향을 따라 그려요.

뾰족뾰족한 선을 그려요

데굴데굴한 선을 그려요

구불구불한 선을 그려요

위 그림과 같이 선을 그려요

포인트   화살표 방향을 따라 색연필을 쥔 손에 힘을 주고 천천히 그려요.

괴물의 입에서 불꽃이 마구마구 나오고 있어요.
빨간색 색연필로 불꽃을 그려요.

부모님께

운필 중에서 가장 어려운, 동그라미를 그리는 연습입니다. 반듯하고 깔끔한 원을 그릴 수 있도록 충분히 연습하게 도와주세요.

마음에 드는 색깔의 색연필로 동그라미를 그리고 색칠해요.

커다란 원을 그리고 색칠해요

작은 원을 그리고 색칠해요

포인트 ···· 넓은 면적을 색칠할 때는 색연필을 눕히거나 손의 힘을 빼고 칠하면 쉽게 칠할 수 있어요.

파란색 색연필로 흰색 티셔츠에 물방울무늬를 그려요.

줄무늬를 그려요 - 연습 놀이 ④

 부모님께

우리 주변에는 다양한 모양의 줄무늬가 있습니다. 아이가 수박과 얼룩말의 줄무늬를 잘 모른다면 사진이나 그림 자료를 찾아 보여 주세요.

검은색 색연필로 줄무늬를 그려요.

수박의 무늬를 그려요

얼룩말의 무늬를 그려요

포인트 　　　작은 부분을 그릴 때는 색연필을 곧게 세워서 그려요.

빨간색, 파란색, 초록색 색연필로 흰색 티셔츠에 줄무늬를 그려요.

✳ 내 마음대로 그려요 – 물고기 그리기

마음에 드는 색깔의 색연필로 물고기의 무늬를 그리고 예쁘게 색칠해요.

1장

이야기를 듣고 ▶ 색칠해요

부모님께

듣기 → 머릿속으로 이미지 떠올리기 → 색칠하기

듣기는 학습의 가장 기본 능력입니다. 들려주는 이야기를 머릿속에서 이미지로 연상하는 습관이 잡히면 이야기를 더욱 집중해서 들을 수 있습니다. 여기서는 들은 정보를 기억해서 색을 칠하는 활동을 합니다. 아래와 같은 순서로 진행해 주세요.

놀이법

① 먼저 부모님이 "딱 한 번만 읽을게."라고 말한 뒤 천천히 지문을 읽습니다.
② 아이에게 "머릿속으로 상상해 봤어?" 하고 질문합니다.
③ 제시된 그림에 색깔을 칠하게 해 주세요. 이때 옆 페이지의 글이 보이지 않도록 가려 주세요.
④ 아이가 어려워하거나 색깔을 기억하지 못하면 처음부터 다시 지문을 읽어 주세요.

5 왼쪽? 오른쪽? - 색칠 놀이 ①

먼저 왼쪽과 오른쪽을 익혀요. 아래는 왼손과 오른손 그림이에요. 그림 위에 나의 왼손과 오른손을 펼쳐 올려요.

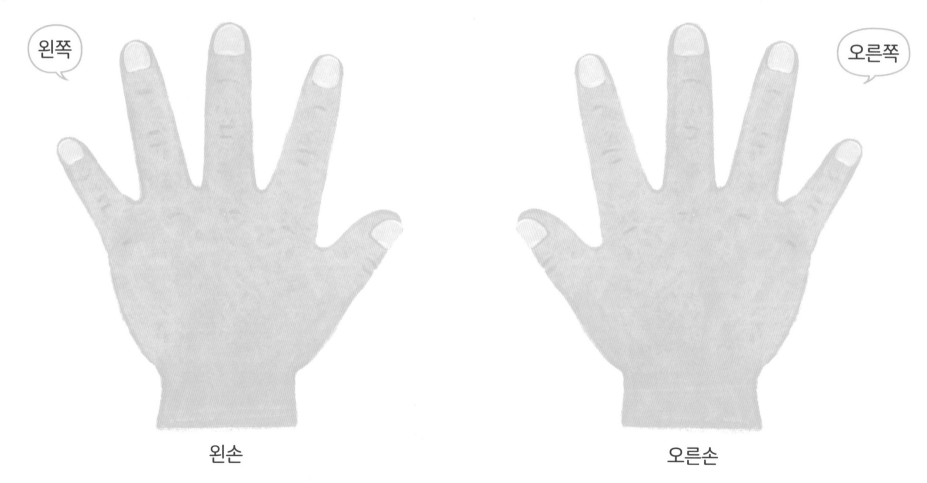

왼손   오른손

왼쪽 접시에는 딸기가 세 개, 오른쪽 접시에는 귤이 두 개 놓여 있어요.
딸기는 빨간색, 귤은 주황색 색연필로 칠해요.

부모님께
페이지 중앙의 문장을 딱 한 번만 천천히 읽어 주세요. 아이가 꽃의 위치와 색을 머릿속에 잘 떠올렸는지 확인한 뒤, 옆 페이지의 그림에 색을 칠하도록 합니다.

다음 이야기를 머릿속에 떠올리며 들어요. 이야기 속에 등장하는 색깔을 잘 기억해 보아요. 기억을 바탕으로 다음 페이지의 그림에 색을 칠해요.

부모님이 읽어 주세요

화단에 꽃이 세 송이 피었습니다.
왼쪽부터 순서대로 빨간색 튤립, 분홍색 장미, 보라색 팬지입니다.

포인트   머릿속에 세 종류의 꽃을 떠올리고 순서와 색에 집중하면서 들어요.

들은 이야기를 떠올리며 이야기에 맞게 색연필로 색칠해요.

부모님께

이야기에 등장하는 사물의 수가 점점 늘어납니다. 아침 밥상의 모습을 빠짐없이 머릿속에 떠올려 보라고 귀띔해 주세요. 아이가 어려워하면 처음부터 다시 읽어 주세요.

다음 이야기를 머릿속에 떠올리며 들어요. 이야기 속에 등장하는 색깔을 잘 기억해 보아요. 기억을 바탕으로 다음 페이지의 그림에 색을 칠해요.

부모님이 읽어 주세요

오늘 아침 메뉴는 연어 구이, 달걀부침, 밥, 된장국입니다.
연어 구이는 주황색, 달걀부침의 노른자는 노란색, 밥그릇은 파란색, 국그릇은 갈색, 젓가락은 초록색입니다.

포인트 　머릿속에 각각의 색을 떠올리며 주의 깊게 들어요.

22

들은 이야기를 떠올리며 이야기에 맞게 색연필로 색칠해요.

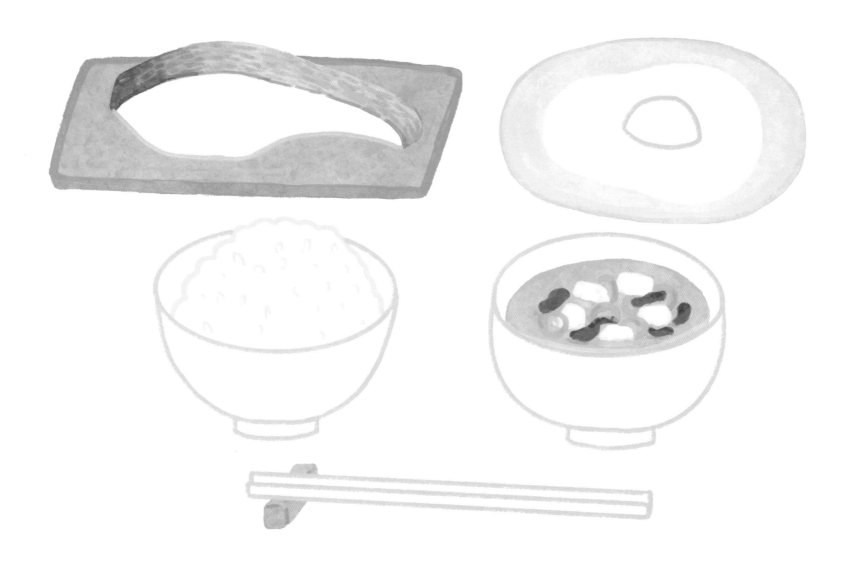

부모님께

가운데, 왼쪽, 오른쪽처럼 위치와 방향에 관한 내용이 나옵니다. 위치를 확인하고 색칠하도록 도와주세요. 그림을 완성한 후에는 다시 한번 지문을 읽으면서 아이와 함께 내용을 확인해 보세요.

다음 이야기를 머릿속에 떠올리며 들어요. 이야기 속에 등장하는 색깔을 잘 기억해 보아요. 기억을 바탕으로 다음 페이지의 그림에 색을 칠해요.

부모님이 읽어 주세요

우리 동네 놀이터의 모습이에요.

놀이터 한가운데에는 잎이 무성한 커다란 나무가 있습니다.
나무의 왼쪽에는 코끼리 모양의 노란색 미끄럼틀이,
나무의 오른쪽에는 빨간색 그네가 있습니다.
하늘색 티셔츠를 입은 여자아이가 그네를 타고 있습니다.

포인트   머릿속으로 놀이터의 모습을 상상해요. 잎이 무성하다는 것은 어떤 모습일지 생각해 보아요.

들은 이야기를 떠올리며 이야기에 맞게 색연필로 색칠해요.

❋ 내 마음대로 그려요 – 음식 그리기

내가 가장 좋아하는 음식을 그려요.

2 장

그림을 보고 ▶ 말로 표현해요

부모님께

그림 관찰하기 → 말로 설명하기 · 문장 만들기

그림을 세세한 부분까지 꼼꼼하게 관찰한 뒤, 주어와 술어로 구성된 문장으로 표현하는 놀이입니다. 설명문을 글이 아닌 말로 표현해 보는 연습인 셈이지요. 그림을 보며 육하원칙을 기반으로 아이와 대화를 많이 나눠 주세요. 대화를 나눌 때 형용사나 부사를 사용해 들려주면 어휘력도 자연스럽게 길러집니다.

놀이법

① 제시된 그림을 세세한 부분까지 꼼꼼하게 보도록 지도해 주세요.
② 그림을 보면서 어디에 무엇이 있는지 물어보세요.
③ 아이가 말로 설명하지 못한다면 이해가 부족하다는 뜻이므로 다시 그림을 보며 확인합니다.
④ 그림이 보이지 않도록 가린 뒤 문제를 냅니다. 문제는 부모님이 읽어 주시고 답은 아이가 고릅니다.

부모님께

함께 그림을 꼼꼼히 살펴본 다음 아이에게 '대화 나누기'의 질문을 던져 보세요. "~에 ~이/가 있습니다."라고 말로 설명할 수 있다면 그림을 보지 않고도 답을 고를 수 있을 거예요.

아래 그림을 천천히 관찰하면서 기억해 보아요. 그림을 보지 않은 사람에게 말로 설명해 볼까요? 다음 페이지의 문장을 읽고 그림과 일치하는 말에 동그라미표를 해요.

대화 나누기	① 그림 속 장소는 어디일까요? ② 그림 속에는 무엇과 무엇이 있나요?

괄호 안에서 앞의 그림에 맞는 말을 골라 동그라미표를 해요.

파란 (하늘 · 바다)에 (벌레 · 새 · 해)와 구름이 떠 있습니다.

아래 그림을 천천히 관찰하면서 기억해 보아요. 그림을 보지 않은 사람에게 말로 설명해 볼까요? 다음 페이지의 문장을 읽고 그림과 일치하는 말에 동그라미표를 해요.

대화 나누기

① 그림 속 장소는 어디일까요?
② 그림 속에는 무엇과 무엇이 있나요?

괄호 안에서 앞의 그림에 맞는 말을 골라 동그라미표를 해요.

(캠핑장 · 도로)에 (빨간색 · 파란색) 자동차와 (노란색 · 초록색) 자동차가

있습니다.

자동차 옆에는 (텐트 · 강)가/이 있습니다.

부모님께

그림 가운데에 있는 탁자와 의자를 기준으로 삼은 뒤 주변에 있는 물건(책장, 벽시계)으로 넘어가면 기억하기 쉬워져요. 창문은 생략해도 괜찮아요.

아래 그림을 천천히 관찰하면서 기억해 보아요. 그림을 보지 않은 사람에게 말로 설명해 볼까요? 다음 페이지의 문장을 읽고 그림과 일치하는 말에 동그라미표를 해요.

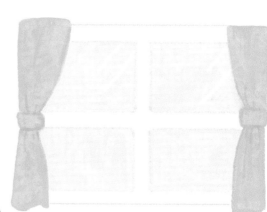

| 대화 나누기 | ① 그림 가운데에는 무엇이 있나요?
② 왼편에는 무엇이 있나요?
③ 탁자 뒤쪽의 벽에는 무엇이 걸려 있나요? |

괄호 안에서 앞의 그림에 맞는 말을 골라 동그라미표를 해요.

해인이네 거실에는 탁자와 (의자 · 소파)가 있습니다.

탁자 위에는 (신문 · 꽃병)이 있고, 탁자 옆에는 (텔레비전 · 책장)이 있습니다.

창문 옆에는 (벽시계 · 달력)가/이 걸려 있습니다.

부모님께

설명해야 할 내용이 점점 늘어납니다. 사자부터 시계 방향으로 동물의 종류와 수를 설명할 수 있도록 도와주세요. '시계 방향'의 의미도 알고 있는지 확인할 수 있습니다.

아래 그림을 천천히 관찰하면서 기억해 보아요. 그림을 보지 않은 사람에게 말로 설명해 볼까요? 다음 페이지의 문장을 읽고 그림과 일치하는 말에 동그라미표를 해요.

대화 나누기 각각의 동물은 어느 위치에 있나요? 또 몇 마리인가요?

괄호 안에서 앞의 그림에 맞는 말을 골라 동그라미표를 해요.

동물원에는 시계 방향을 따라

사자가 (한 · 세) 마리, 기린이 (두 · 다섯) 마리,

코끼리가 (두 · 세) 마리, 고릴라가 (두 · 세) 마리,

펭귄이 (다섯 · 여섯) 마리 있습니다.

모래 놀이를 해요
- 그림을 보고 설명하기 ⑤

부모님께

먼저 '대화 나누기'의 ①번 질문에 아이가 혼자서 대답할 수 있도록 도와주세요. 그다음 그림 속 인물의 행동이나 복장, 들고 있는 물건 등 조금씩 설명할 항목을 늘려 갑니다.

아래 그림을 천천히 관찰하면서 기억해 보아요. 그림을 보지 않은 사람에게 말로 설명해 볼까요? 다음 페이지의 문장을 읽고 그림과 일치하는 말에 동그라미표를 해요.

대화 나누기

① 누가 어디서 무엇을 하고 있나요?
② 두 사람은 어떤 옷을 입고 있나요?

괄호 안에서 앞의 그림에 맞는 말을 골라 동그라미표를 해요.

경수와 해인이는 놀이터의 (미끄럼틀 · 모래밭)에서 놀고 있습니다.

경수가 입은 티셔츠의 색은 (초록색 · 보라색)입니다.

해인이가 입은 티셔츠에는 (해 · 꽃) 모양이 그려져 있습니다.

두 사람은 모래로 (터널 · 케이크)을/를 만들고 있습니다.

구멍을 파고 있는 사람은 (경수 · 해인)입니다.

부모님께

길을 설명하는 문제입니다. 어느 방향으로 꺾어서 가야 할지 생각해 보는 연습이에요.

아래 그림은 경수가 해인이네 집으로 가는 길입니다. 그림을 잘 보면서 해인이네 집으로 가는 길을 기억해 보아요. 그림을 보지 않은 사람에게 기억한 길을 말로 설명해 볼까요? 다음 페이지의 문장을 읽고 그림과 일치하는 말에 동그라미표를 해요.

경수

해인이네 집

대화 나누기   경수는 사거리에서 어느 방향으로 꺾어야 할까요?

괄호 안에서 앞의 그림에 맞는 말을 골라 동그라미표를 해요.

경수는 화살표 방향을 따라 길을 걸어갑니다.

사거리에서 (왼쪽 · 오른쪽)으로 꺾으면

(빨간색 · 파란색) 지붕의 해인이네 집이 나옵니다.

부모님께
내가 경수가 되어 실제로 걸어간다고 생각하며 길을 찾도록 도와주세요. 하나씩 방향을 확인하면서 머릿속으로 충분히 지도를 그려 본 뒤, 다음 페이지로 넘어가세요.

아래 그림은 경수네 동네의 모습입니다. 엄마가 경수에게 빵집에서 빵을 사오라고 심부름을 시켰어요. 그림을 잘 보면서 길을 기억해 보아요. 그림을 보지 않은 사람에게 기억한 길을 말로 설명해 볼까요? 다음 페이지의 문장을 읽고 그림과 일치하는 말에 동그라미표를 해요.

대화 나누기

꺾어서 가는 횟수가 최대한 적은 길을 찾아보아요.
길잡이가 되는 건물은 무엇인가요?

괄호 안에서 앞의 그림에 맞는 말을 골라 동그라미표를 해요.

경수는 화살표 방향을 따라 길을 걸어갑니다.

(우체국 · 서점)이 보이면 오른쪽으로 꺾습니다.

그대로 앞으로 가면 (왼쪽 · 길 끝)에 빵집이 있습니다.

✻ 내 마음대로 그려요 - 우리 동네 그리기

내가 살고 있는 동네를 그려요.

3장

이야기를 듣고 ▶ 색칠해요 심화

부모님께

내용을 머릿속에 떠올릴 수 있도록 한 문장씩 천천히 읽어 주세요. 글이 조금씩 복잡해집니다. 위치와 색깔 등 세세한 내용에 주의를 기울이도록 지도해 주세요.

다음 이야기를 머릿속에 떠올리며 듣고 잘 기억해 보아요. 기억을 바탕으로 다음 페이지의 그림에 색을 칠해요.

부모님이 읽어 주세요

경수네 거실에는 커다란 파란색 소파가 있습니다.
소파에는 고양이 '삼색이'가 동그랗게 몸을 말고 엎드려 있습니다.
'삼색이'는 흰색, 검은색, 갈색 털이 섞인 고양이입니다.
소파 옆에는 작은 갈색 탁자가 있습니다.

포인트   사물의 위치와 색깔에 주의해서 들어요.

들은 이야기를 떠올리며 이야기에 맞게 색연필로 색칠해요.

부모님께

먼저 소프트아이스크림을 떠올리는 것이 중요
합니다. 그다음 오렌지, 딸기 같은 토핑을 순서
대로 기억해낼 수 있도록 알려 주세요.

다음 이야기를 머릿속에 떠올리며 듣고 잘 기억해 보아요. 기억을 바탕으로 다음 페이지의 그림에 색을 칠해요.

부모님이 읽어 주세요

소프트아이스크림이 듬뿍 담긴 맛있는 파르페를 만들어요.

파르페 위에는 주황색 오렌지와 빨간색 딸기, 연두색 키위를 장식합니다.
아이스크림에는 갈색 초콜릿 소스를 뿌립니다.
테이블에는 분홍색 식탁보를 깔고 노란색 컵에 우유를 따릅니다.

간식 준비가 끝났습니다.

포인트

머릿속으로 파르페를 만드는 모습을 상상해요.
소프트아이스크림 위에 올린 재료와 색깔에 주의해서 들어요.

들은 이야기를 떠올리며 이야기에 맞게 색연필로 색칠해요.

다음 이야기를 머릿속에 떠올리며 듣고 잘 기억해 보아요. 기억을 바탕으로 다음 페이지의 그림에 색을 칠해요.

부모님이 읽어 주세요

마당의 미니 수영장에서 정우와 경수와 해인이가 놀고 있습니다.

파란색 수영 모자를 쓴 정우는 노란색과 하늘색이 섞인 튜브를 끼고 수영을 합니다.
초록색 수영 모자를 쓴 경수는 빨간색과 흰색 줄무늬가 있는 공을 갖고 있습니다.
빨간색 수영 모자를 쓴 해인이는 경수와 함께 공놀이를 하고 있습니다.

포인트

아이들이 각각 무엇을 하고 있는지 머릿속으로 떠올려요.
모자의 색깔과 갖고 있는 물건에 주의해서 들어요.

들은 이야기를 떠올리며 이야기에 맞게 색연필로 색칠해요.

부모님께

동화 《헨젤과 그레텔》에 나오는 유명한 장면입니다. 이야기에서 묘사되지 않은 부분은 자유롭게 상상해서 그리면 됩니다.

다음 이야기를 머릿속에 떠올리며 듣고 잘 기억해 보아요. 기억을 바탕으로 다음 페이지의 그림에 색을 칠해서 완성해요.

부모님이 읽어 주세요

헨젤과 그레텔은 아름다운 꽃으로 가득한 정원에 들어섰습니다.

그곳에는 벽은 빵으로, 지붕은 케이크로 만들어진 작은 집이 있었어요.

그리고 그 벽과 지붕은 빨간색, 노란색, 초록색의 반짝거리는 사탕과 바삭바삭한 쿠키로 장식되어 있었습니다.

또, 유리 창문은 투명한 얼음사탕으로 만들어져 있었습니다.

배가 무척 고팠던 두 사람은 과자로 만들어진 집을 먹기 시작했습니다.

포인트   지붕은 무슨 색 과자로 장식되어 있는지 집중해서 들어요.

들은 이야기를 떠올리며 이야기에 맞게 색연필로 색칠해요.

✱ 내 마음대로 그려요 – 과자 집 그리기

내가 살고 싶은 과자 집을 그려요.

4장

이야기를 듣고 ▶ 그림으로 표현해요

부모님께

듣기 → 머릿속으로 이미지 떠올리기 → 그림 그리기

주어진 글의 내용을 충분히 이해하며 머릿속에 떠올린 모습을 실제 그림으로 표현하는 연습입니다. 이 때 쓰이는 '독해력'과 '표현력'은 글쓰기 실력으로 이어져 문해력의 토대를 단단히 다지는 데 도움이 됩니다. 또한 수학 문제를 읽고 도식화하는 능력과도 직결되지요.

놀이법

① 부모님이 "한 번만 읽어 줄게."라고 말해서 집중해서 듣도록 유도합니다.
② 아이가 이야기의 흐름을 쫓으며 각 장면의 모습을 머릿속에서 연상하고 있는지 대화로 확인해 주세요.
③ 어떤 부분을 그림으로 그릴지 충분히 이야기 나눈 다음 자유롭게 표현합니다.
④ 지문에 나오지 않은 부분은 마음껏 상상해 그리게 한 뒤, 아이에게 설명을 부탁해 보세요.

부모님께

해, 구름, 해바라기를 왼쪽부터 순서대로 그려야 합니다. 해나 구름의 색깔, 해바라기의 개수는 지정하지 않았으니 자유롭게 그려도 좋아요. 그림을 그리기 전에 반드시 그려야 하는 부분과 그렇지 않은 부분을 알고 있는지 확인해 주세요.

다음 이야기의 장면을 머릿속에 떠올리며 들어요. 딱 한 번만 듣고 기억한 내용을 바탕으로 다음 페이지에 그림을 그려요.

부모님이 읽어 주세요

스쿨버스가 한 대 서 있어요.

버스에는 왼쪽부터 반짝반짝 빛나는 해와
솜사탕 같은 구름,
그리고 수많은 해바라기가 그려져 있습니다.

포인트   스쿨버스에 어떤 그림이 그려져 있는지 머릿속에 떠올리며 들어요.

이야기를 듣고 스쿨버스를 그려요.

다음 이야기의 장면을 머릿속에 떠올리며 들어요. 딱 한 번만 듣고 기억한 내용을 바탕으로 다음 페이지에 그림을 그려요.

부모님이 읽어 주세요

경수가 블록으로 성을 만들었습니다.
성은 두 개의 탑으로 이루어졌고, 2층에서 서로 이어져 있습니다.

1층은 초록색, 2층은 분홍색, 3층은 파란색 블록입니다.
왼쪽 탑의 4층에는 파란색 삼각 블록을,
오른쪽 탑의 4층에는 빨간색 삼각 블록을 사용해 만들었어요.

포인트   블록의 위치와 색깔에 주의해서 들어요.

이야기를 듣고 블록으로 만든 성을 그려요.

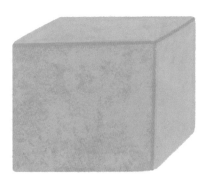

다음 이야기의 장면을 머릿속에 떠올리며 들어요. 딱 한 번만 듣고 기억한 내용을 바탕으로 다음 페이지에 그림을 그려요.

부모님이 읽어 주세요

경수, 해인, 정우는 내일 소풍을 갑니다.
세 사람은 소풍에 가져갈 간식을 사러 갔습니다.

경수는 초코칩 쿠키와 사과를 샀습니다.
해인이는 노란색 쿠키빵과 분홍색 막대 사탕을 샀습니다.
정우는 잘 익은 바나나와 크림빵을 샀습니다.

포인트   아이들이 각각 무엇을 샀는지 머릿속으로 떠올려요.

이야기를 듣고 아이들이 각각 어떤 간식을 샀는지 그려요.

부모님께

실제로 수족관에 간 적이 있다면 그때 봤던 모습을 떠올릴 수 있도록 도와주세요. 자신의 경험과 연결 지으면 그림으로 어떻게 표현하면 좋을지 훨씬 쉽게 떠올릴 수 있어요.

다음 이야기의 장면을 머릿속에 떠올리며 들어요. 딱 한 번만 듣고 기억한 내용을 바탕으로 다음 페이지에 그림을 그려요.

부모님이 읽어 주세요

정우는 아빠와 수족관에 갔습니다.

수조 안에는 파란색 물고기 세 마리가 오른쪽을 향해서 헤엄치고 있습니다.
노란색 물고기 세 마리와 주황색 물고기 네 마리는 왼쪽을 향해서 헤엄치고 있습니다.

포인트   물고기의 수와 방향, 색깔에 집중해서 들어요.

이야기를 듣고 수조 안에서 헤엄치고 있는 물고기를 그려요.

부모님께

먼저 텅 비어 있는 두 개의 책장을 머릿속에 상상하게 한 다음, 천천히 또박또박 이야기를 읽어 주세요. 이야기에 등장한 물건을 하나하나 머릿속 책장에 정리해 봅니다. 물건의 구체적인 형태나 색깔은 자유롭게 표현해도 좋아요.

다음 이야기의 장면을 머릿속에 떠올리며 들어요. 딱 한 번만 듣고 기억한 내용을 바탕으로 다음 페이지에 그림을 그려요.

부모님이 읽어 주세요

3단 책장이 두 개 있습니다. 여기에는 해인이가 좋아하는 물건들이 놓여 있습니다.

왼쪽 책장 제일 아래 칸에는 파란색 리본이 달린 모자가,
가운데 칸에는 곰 인형이,
제일 위 칸에는 초록색 컵이 있습니다.

오른쪽 책장 제일 위 칸에는 분홍색 공이,
가운데 칸에는 빨간색 책이 있습니다.

포인트 각 칸에 무엇이 있는지 주의해서 들어요.

이야기를 듣고 책장에 있는 물건을 그려요.

부모님께

실제로 백화점에서 쇼핑한 경험과 연결 지으면 장면을 떠올리기가 훨씬 쉽습니다. 다양한 색깔이 나오니 천천히 읽어 주세요.

다음 이야기의 장면을 머릿속에 떠올리며 들어요. 딱 한 번만 듣고 기억한 내용을 바탕으로 다음 페이지에 그림을 그려요.

부모님이 읽어 주세요

정우는 엄마와 함께 아빠의 생일 선물을 사러 백화점에 갔습니다.

양복 매장에서 빨간색과 파란색 줄무늬가 있는 넥타이와 보라색 손수건을 샀습니다.
그리고 지하에 있는 빵집에 들러 생일 케이크도 샀습니다.
커다란 딸기가 장식되어 있는 동그란 생크림 케이크입니다.

정우와 엄마는 사 온 물건을 모두 식탁 위에 올려놓았습니다.

포인트 어떤 선물을 샀는지 머릿속으로 떠올려요. 색깔에 주의해서 들어요.

이야기를 듣고 식탁 위에 놓여 있는 물건을 모두 그려요.

부모님께

먼저 머릿속에 연못을 떠올릴 수 있도록 도와주세요. 그다음, 연못 주변에 나무와 튤립의 모습을 추가로 그려 넣게 하면 됩니다.

다음 이야기의 장면을 머릿속에 떠올리며 들어요. 딱 한 번만 듣고 기억한 내용을 바탕으로 다음 페이지에 그림을 그려요.

부모님이 읽어 주세요

아기 곰이 가까운 연못으로 산책을 갔습니다.

연못의 오른쪽에는 커다란 나무가 한 그루 서 있습니다.
연못 주변에는 빨간색, 분홍색, 주황색 튤립이 잔뜩 피어 있습니다.
연못 안에는 노란색 오리 한 마리가 헤엄을 치고 있습니다.

포인트   사물의 수와 위치, 색깔에 주의해서 들어요.

이야기를 듣고 연못가의 모습을 그려요.

부모님께

일본의 전래동화 《꽃 피우는 할아버지》의 한 장면입니다. 어떤 꽃을 얼마나 그릴지, 나뭇가지에 꽃이 피는 모습은 어떠한 모습일지 아이와 함께 이야기 나눈 후에 그림을 그리도록 합니다. 이번 기회에 책도 한번 읽어 보세요.

다음 이야기의 장면을 머릿속에 떠올리며 들어요. 들은 이야기를 바탕으로 다음 페이지에 자유롭게 그림을 그려요.

부모님이 읽어 주세요

할아버지는 임금님 앞에서 시든 나무에 고운 재를 뿌렸습니다.
그러자 아름다운 분홍색 꽃이 피어났습니다. 임금님도 크게 기뻐했습니다.

"나는야 세계에서 제일가는 꽃 피우는 할아버지! 시든 나무에 꽃을 피우지요."

할아버지는 커다란 나무 위로 성큼성큼 올라가더니 시든 나무에 재를 뿌려서 예쁜 분홍색 꽃을 한가득 피웠습니다.

이야기를 듣고 나무에 분홍색 꽃이 핀 모습을 그려요.

부모님께

우화 소설 《토끼전》의 한 장면입니다. 용궁이 아닌, 즐겁게 헤엄치는 물고기를 그리는 것에 주의를 환기시켜 주세요. 《토끼전》 그림책도 함께 읽는다면 더 깊이 있는 활동이 되겠지요.

다음 이야기의 장면을 머릿속에 떠올리며 들어요. 들은 이야기를 바탕으로 다음 페이지에 자유롭게 그림을 그려요.

부모님이 읽어 주세요

어느 날, 바닷속 용왕은 병에 걸리고 말았습니다. 병을 낫게 해 줄 약을 찾았지만, 바다에서는 효험이 있는 약을 찾지 못했어요. 한 도사가 나타나 용왕의 병에는 살아 있는 토끼의 간이 특효약이라고 일러 주었어요. 용왕의 신하 중 자라가 토끼를 잡아오겠다고 용감하게 나섰습니다.

육지에서 토끼를 만난 자라는 토끼에게 아름다운 용궁의 모습과 풍성한 먹을거리를 자랑하기도 하고, 육지에서 살다가는 금방 죽을 수도 있다고 겁을 주기도 하면서 바닷속 용궁에 가서 함께 살자고 토끼를 꼬드겼어요. 자라의 꼬임에 넘어간 토끼는 결국 용궁에 가기로 결심했어요.

자라는 토끼를 등에 태우고 눈 깜짝할 사이에 바닷속으로 들어갔습니다. 바닷속에는 빨간색, 노란색 등 다양한 색깔의 물고기가 즐겁게 헤엄치고 있었습니다.

이야기를 듣고 토끼와 자라가 본 바닷속 모습을 그려요.

부모님께

'산호'나 '수정'과 같이 아이가 잘 모르는 단어가 있다면 사진 자료를 찾아서 보여 주세요. 찾아본 자료를 바탕으로 자유롭게 용궁을 그립니다. 금색은 노란색 색연필로 표현하면 됩니다.

다음 이야기의 장면을 머릿속에 떠올리며 들어요. 들은 이야기를 바탕으로 다음 페이지에 자유롭게 그림을 그려요.

부모님이 읽어 주세요.

자라가 토끼를 등에 태운 채 바닷속으로 계속 들어가자 아름다운 불빛으로 반짝거리는 용궁이 나타났습니다. 용궁은 빨간색 산호 기둥과 수정으로 된 벽, 금색 지붕으로 만들어져 있었습니다.

의심 많은 토끼는 용궁 문을 지키는 병사들에게 용궁의 사정을 물었습니다. 토끼를 몰랐던 문지기들은 용왕이 병에 걸렸으며, 토끼의 간을 먹어야 나을 수 있다는 이야기를 해 줘요. 이 말을 들은 토끼는 육지로 살아서 돌아갈 궁리를 하기 시작해요.

이윽고 자라와 함께 용왕 앞으로 불려간 토끼는 용왕에게 급하게 오느라 육지에 간을 놓고 왔다며 자신을 육지로 돌려보내 주면 자신의 간은 물론, 다른 토끼의 간도 갖고 오겠다고 말을 해요. 자라는 그 말을 믿지 않았지만, 어리석은 용왕은 그 말을 믿고 토끼에게 큰 잔치를 베풀어 준 뒤, 토끼를 육지로 돌려보냈습니다.

이야기를 듣고 바닷속 용궁의 모습을 그려요.

부모님께

긴 이야기를 듣는 동안 각 장면을 잘 떠올리고 있는지 확인해 주세요. 이번에는 용왕이 준 보물 상자를 그려야 합니다. 어떤 색과 모양의 상자일지 아이와 함께 이야기 나눠 보세요.

다음 이야기의 장면을 머릿속에 떠올리며 들어요. 들은 이야기를 바탕으로 다음 페이지에 자유롭게 그림을 그려요.

부모님이 읽어 주세요.

육지에 도착한 토끼는 바다가 안 보이는 높은 언덕까지 깡충깡충 오릅니다. 자라가 엉금엉금 도착하자, 토끼는 자라에게 화를 내어요.

"자라 네 이놈, 나를 속였구나!"

"토끼야, 미안해. 용왕님을 살리기 위해 어쩔 수 없었어!"

"흥, 내가 왜 너네 용왕을 살려야 하니? 멍청한 것들 같으니라고. 세상에 자기 간을 빼놓고 다니는 동물이 어디 있어?"

"역시 간은 네 몸 안에 있었구나!"

"너희가 나에게 거짓말을 했으니, 나 역시 살기 위해 어쩔 수 없었지."

"흑흑……. 나는 이제 무슨 낯으로 용왕님을 뵈어야 하나……."

"불쌍한 녀석. 내 똥은 열을 내리는 데 좋으니 내 똥이나 가져가라!"

자라는 어쩔 수 없이 토끼의 간 대신, 토끼의 똥을 들고 용궁으로 돌아갔어요. 토끼의 똥을 먹은 용왕은 다행스럽게도 병이 나았어요. 그리고 자신을 구한 자라에게 상으로 보물 상자를 주었습니다.

이야기를 듣고 용왕이 자라에게 준 보물 상자를 그려요.

예시 그림과 정답

※ 예시 그림은 참고용입니다. 내용과 다르게 그렸더라도 아이를 잔뜩 칭찬해 주세요.

P.19

P.21

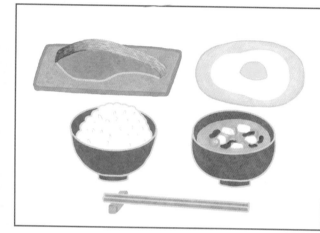

P.23

P.25

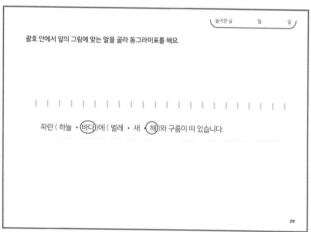

P.29

괄호 안에서 앞의 그림에 맞는 말을 골라 동그라미표를 해요.

파란 (하늘 · (바다))에 (벌레 · 새 · (해))와 구름이 떠 있습니다.

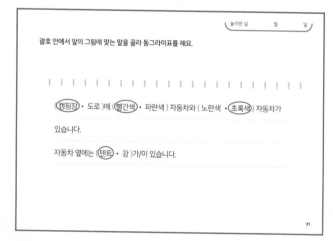

P.31

괄호 안에서 앞의 그림에 맞는 말을 골라 동그라미표를 해요.

((캠핑장) · 도로)에 ((빨간색) · 파란색) 자동차와 (노란색 · (초록색)) 자동차가 있습니다.

자동차 옆에는 ((텐트) · 강)가/이 있습니다.

P.33

괄호 안에서 앞의 그림에 맞을 말을 골라 동그라미표를 해요.

| | | | | | | | | | | | | | | | | |

해인이네 거실에는 탁자와 (의자)• 소파)가 있습니다.

탁자 위에는 (신문 •꽃병)이 있고, 탁자 옆에는 (텔레비전 •책장)이 있습니다.

창문 옆에는 (벽시계)• 달력)가/이 걸려 있습니다.

P.35

괄호 안에서 앞의 그림에 맞을 말을 골라 동그라미표를 해요.

| | | | | | | | | | | | | | | | | |

동물원에는 시계 방향을 따라

사자가 (한)• 세) 마리, 기린이 (두)• 다섯) 마리,

코끼리가 (두)• 세) 마리, 고릴라가 (두 •세)) 마리,

펭귄이 (다섯)• 여섯) 마리 있습니다.

P.37

괄호 안에서 앞의 그림에 맞을 말을 골라 동그라미표를 해요.

| | | | | | | | | | | | | | | | | |

경수와 해인이는 놀이터의 (미끄럼틀 •모래밭)에서 놀고 있습니다.

경수가 입은 티셔츠의 색은 (초록색)• 보라색)입니다.

해인이가 입은 티셔츠에는 (해)• 꽃) 모양이 그려져 있습니다.

두 사람은 모래로 (터널)• 케이크)을/를 만들고 있습니다.

구멍을 파고 있는 사람은 (경수)• 해인)입니다.

P.39

괄호 안에서 앞의 그림에 맞을 말을 골라 동그라미표를 해요.

| | | | | | | | | | | | | | | | | |

경수는 화살표 방향을 따라 길을 걸어갑니다.

사거리에서 (왼쪽)• 오른쪽)으로 꺾으면

(빨간색)• 파란색) 지붕의 해인이네 집이 나옵니다.

P.41

괄호 안에서 앞의 그림에 맞을 말을 골라 동그라미표를 해요.

| | | | | | | | | | | | | | | | | |

경수는 화살표 방향을 따라 길을 걸어갑니다.

(우체국)• 서점)이 보이면 오른쪽으로 꺾습니다.

그대로 앞으로 가면 (왼쪽 •길 끝)에 빵집이 있습니다.

P.45

※ 예시 그림은 참고용입니다. 내용과 다르게 그렸더라도 아이를 잔뜩 칭찬해 주세요.

P.47

P.49

P.51

P.55

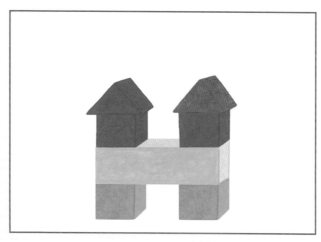

P.57

P.59

P.61

P.63

P.65

P.67

P.69

P.71

※ 예시 그림은 참고용입니다. 내용과 다르게 그렸더라도 아이를 잔뜩 칭찬해 주세요.

P.73

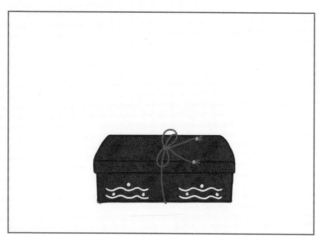

P.75